前　　言

棉花是我国重要的经济作物，在农业经济中占有重要地位。近年来，随着科学技术的发展，我国棉花科技不断取得突破和进展，棉花产业逐步成为农民增收、农业增效和社会主义新农村建设的主要内容。

棉花病虫害是影响我国棉花发展的主要因素，常年造成棉花损失达15%～20%。棉田病虫的正确识别和有效防治是保证我国棉花生产的重要环节。为满足我国广大棉区农民的实际生产需要，本书以原色图片为主，辅以简洁文字，对我国棉花最常见的病害和害虫的识别要点和防治技术，和在生产中常见的缺素症及田间药害进行了介绍，并提出了预防和补救措施。此外，还介绍了棉田24种天敌及寄生菌的识别要点和保护利用技术。图册按棉花生育期在病虫害防治，缺素症、药害预防补救措施，以及天敌保护利用等方面进行了详细讲解。

本书错漏之处敬请广大读者批评指正。

作者崔金杰　　2007年3月

目　录

二、棉花害虫及防治

一、棉花病害及防治

1. 立枯病（真菌病）*Rhizoctonia solani* Khün

俗称烂根病、黑根病。棉苗出土前，幼根、幼芽受害，造成烂芽、烂种，出土后，近地面幼茎基部出现黄褐色斑点并逐渐扩大，凹陷呈缢缩状，黑褐色并腐烂，严重时枯死或萎蔫倒伏；成株叶片出现褐色斑点，脱落穿孔。多雨年份，茎基部呈现黑褐色病斑。

立枯病苗期症状

茎基部膨大

茎基部缢缩

成株期症状

2. 角斑病（细菌病）

Xanthomonas campestris var.*malvacearum* (Smith) Dye

病斑初期

叶片病斑呈多角形褐色油浸状，严重时连成片，沿叶脉呈褐色条状，可引起叶片皱缩、扭曲、干枯、脱落。棉铃感病初在铃柄附近出现油渍状绿色小点，后扩大成圆形病斑，颜色变黑，中部凹陷，病斑连成不规则形大斑，幼铃常腐烂脱落。

叶脉扭曲变褐

叶柄及叶脉油渍状变黑

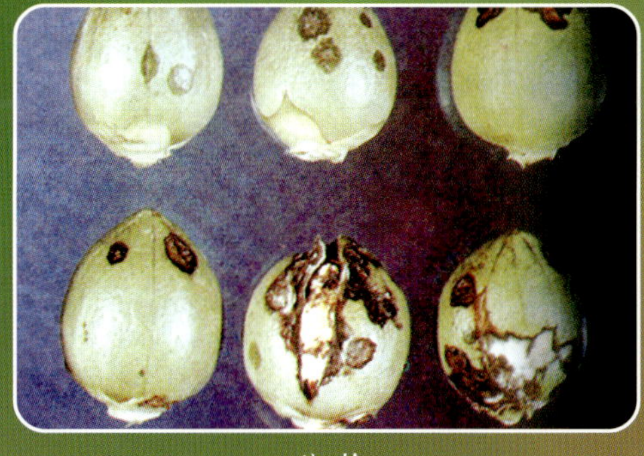

病铃

3.茎枯病（真菌病）*Ascochyta gossypii* Sydow

主要危害叶片、叶柄及较嫩的茎秆。叶片初生褐色小圆斑，外缘紫红色，扩展后呈近圆形，具同心轮纹，表面散生小黑点；叶柄和茎杆病斑呈褐色、梭形，中间凹陷，后期表皮纵裂；棉铃受害呈褐色，半开裂，内部纤维外露，易形成僵瓣。叶柄、茎枝受害后，易脱落枯折。

病叶

茎杆发病症状

叶柄发病初期

4. 枯萎病（真菌病）

Fusarium oxysporun Schl. f. sp. *vasinfectum* (Atk.) Snyder et Hansen

苗期症状有5种：①黄色网纹型：叶脉褪绿，呈黄白色，叶肉为绿色，叶片呈黄白色网纹，逐渐凋萎、干枯、脱落、最终造成植株死亡；②黄化型：叶片多从叶缘开始变黄，无黄白色网纹，叶片脱落；③紫红型：叶片变紫红色，叶脉多呈现深紫红色，逐渐枯萎、脱落、植株死亡；④青枯型：叶片失水，叶色稍呈深绿色，变软下垂，青枯干死，但不脱落。⑤皱缩型：发生于5～7片真叶期，顶部叶片呈深绿色，皱缩成畸形变厚，节间缩短变矮，但不枯死。

黄化型病叶

发病棉株的根部、茎部、叶柄导管部分均可发现变为黑褐色或黑色，茎秆短缩、畸形。

青枯型病叶

黄色网纹型病叶

成株期常见症状：①矮缩型：株形矮小，主茎、果枝、节间缩短，叶片深绿增厚且皱缩不平，叶缘下卷；②网纹黄化型：中、下部叶片叶脉变黄，呈网纹状，叶片局部或整叶变黄；③急性凋萎型：植株突然失水，萎蔫、青枯下垂，叶、蕾、花大量脱落，主茎顶部和果枝焦枯，病杆内部为深褐色条纹。多出现在雨后骤晴天气。

紫红型病叶(右)与健株

矮缩型病叶(左)与健株

皱缩型病株

5. 黄萎病（真菌病）*Verticillium dahliae* Kleb

常见症状有4种：①黄斑型：下部叶片先发病，初期叶缘上卷，叶脉间产生淡黄色不规则形病斑，叶脉附近保持绿色，病斑由黄色至褐色，呈掌状花斑，似西瓜皮状，叶片不脱落，早期不枯死。②叶枯型：叶片出现局部枯斑或掌状枯斑，枯死后即脱落，不形成光杆。③萎蔫型：雨后急性黄萎，主脉间产生水浸状淡绿色斑块，叶片萎蔫下垂。④落叶型：上部叶片先发病，叶片萎垂，迅速脱落，植株枯死前即成光杆。

病株一般不矮缩，早期发病可造成植株矮小、出现死苗。剖视根、茎、叶柄，可见维管束出现褐色病变。

病株症状

黄化病叶

落叶状

叶枯型病叶

田间症状

茎剖面图（左：枯萎病；中：黄萎病；右：健株）

枯萎病、黄萎病混生株

6. 红叶茎枯病（生理病害）Cotton red leaf blight

初期叶缘略带黄色，叶肉褪绿，叶脉保持绿色，随后叶片变成紫红色，叶片增厚、皱缩、变脆。严重时叶片萎蔫下垂。棉叶枯落时，茎杆顶端干焦状，棉铃大量脱落，不能正常成熟或提前吐絮。主根短而细，常形成鸡脚根，支根、须根显著减少，颜色呈深褐色，尖端变褐腐烂。

中期症状

7. 猝倒病（真菌病）*Pythium aphanidermatum* (Eds.) Fitz.

初期在幼茎基部贴近地面部分出现水浸状斑，严重时呈水肿状，并扩展变黄腐烂，呈水烫状软化并迅速腐烂倒伏；地下部细根受害变为黄褐色，子叶随褪色而呈水浸状软化。高湿条件下，病部常出现白色絮状物。

田间症状

感病幼茎

8. 红腐病（真菌病）*Fusarium moniliforme* Sheld.

胚茎和根部受害多发生在棉苗出土前，幼芽变为红褐色，在土中腐烂；出土后，根尖由黄变褐腐烂并蔓延全根，可发展至幼茎地面部分，重病苗枯死。病斑不凹陷，地上受害嫩茎和幼根变粗，随后变为黑褐色腐烂。

受伤棉铃感病，病健组织不明显，常扩展到全铃，铃表面产生白色菌丝体或生出淡紫或粉红色薄层，雨后常黏结成粉红色块状物；病铃全铃腐烂，或不能开裂或半开裂，棉瓤紧结、不吐絮，纤维干腐。

感病棉铃

感病幼苗

9. 炭疽病（真菌病）*Collectotrichum gossypii* Southw

病斑黄褐色、边缘红褐色，上有橘红色黏性物质。幼茎基部产生红褐色梭形条斑，扩大变褐、略凹陷。真叶初现黑色小斑点，扩大后呈暗褐色，圆形或不规则形，边缘紫红色，气候干燥常开裂。棉铃病斑初为暗红色小点，扩展并凹陷，中部变为灰褐色，常形成烂铃、僵瓣。

幼苗感病

病铃

病叶

10. 黑根腐病（真菌病）

Thielaviopsis basicola (Berk.et Br.) Ferraris

主要危害棉花茎基部和根部。病苗茎基和根部为紫褐色，逐渐腐烂，皮层干腐，易脱落，易从土中拔出。高湿时，病部产生灰白色霉层。吐絮期叶片萎蔫下垂青枯，但不立即脱落，根颈部肿大、扭曲、剖视茎基部和根部呈紫黑色腐烂，干燥后呈棕褐色，病部表皮纵裂。

病根(左)与健根对比

病株(左)与健株对比

11. 黑斑病（真菌病）*Alternaria macrospora* Zimm

初期症状

也称轮纹斑病，苗期叶片初生浅黄色油渍状、背面凹陷的圆形小斑，扩展后边缘呈紫红色、近圆形或不规则形、无明显同心轮纹的大斑。天气潮湿时，病斑表面产生明显的黑色霉层；成株期叶片多为圆形或近圆形，有同心轮纹。

后期症状

12. 疫病（真菌病）*Phytophthora boehmeriae* Saw.

子叶和幼嫩真叶受害，先在叶缘出现暗绿色圆形或不规则形水浸状病斑，后呈青褐色。若天气放晴，病斑呈黄褐色，严重者造成枯斑脱落；若连续阴雨，病斑迅速变为青褐色至黑色，叶片变黑，晴后部分或全叶凋萎。

棉株下部大铃易受害，初期铃面出现淡褐色、青褐色至青黑色湿浸状不规则病斑，通常不软腐，3～5天整个铃面呈光亮青绿或黑褐色，无菌丝，棉铃内部黄褐色。当棉铃变为青亮黑绿时，铃面上见不到任何菌丝，这是棉铃疫病的典型症状。

病 铃

病叶及病株

13. 褐斑病（真菌病）*Phyllosticta malkoffii* Bubak

或 *P.gossypina* Ell.et Martin

主要危害棉苗，初期产生紫红色小斑点，逐渐合并为不规则形大斑，病斑边缘紫红色，略隆起，中部黄褐色，其上散生小黑点，病斑易破碎穿孔，严重时叶片早落，棉苗枯死。

病 叶

14. 白霉病（真菌病）*Mycospheralla areola*

病 叶

叶片病斑初呈淡绿色，渐变为苍白色。初期病斑仅限单个叶脉间，后扩展为不规则多角形。7、8月多雨季节，叶片正反面对应相同的白色霉斑，9月中旬以后，正面为淡绿色或黄褐色病斑，背面为白色霉层，严重时植株早衰或过早落叶。

15. 灰霉病（真菌病）*Botrytis cinerea* Pers

病铃

多发生受炭疽病或疫病危害棉铃上，病铃表面生灰绒状霉层，严重时可引起棉铃干腐。

16. 红粉病（真菌病）

Cephalothecium roseum（Link）Corda

多在棉铃裂缝处产生粉红色松散的绒状霉，初期霉层较薄，颜色浅，随后布满全铃，天气潮湿时菌丝为白色绒毛状，棉铃不能正常吐絮，棉絮呈褐色僵瓣，棉瓤干缩。

病铃

17. 曲霉病（真菌病）*Aspergillus flavus* Link 或 *A.fumigaus* Fres. 或 *A.niger* var.Tiegh

初期在棉铃壳裂缝处产生黄褐色水渍状病斑，随后产生黄褐色粉状物，布满铃缝，棉铃不能正常开裂，严重时病菌深入棉絮使其变质。天气潮湿时，粉状物四周生有黄褐色绒毛状霉。

病 铃

18. 软腐病（真菌病）*Rhizopus nigricans* Ehrenberg

病 铃

主要在害虫蛀孔处或铃隙处腐生危害，初期为深蓝色或褐色病斑，随后扩大软腐，产生大量白色绒毛状菌丝，渐变成灰黑色，顶端生有黑色小点。棉铃内部呈湿腐状，最后全铃湿腐或干缩。

19. 棉铃黑果病（真菌病）*Diplodia gossypina* Cooke

初期铃壳为淡褐色，全铃发软，生突起小点，后变为黑色，铃壳变僵硬，成为煤烟状黑果。病铃常不脱落，僵缩于枝上，内部纤维成灰黑色硬结，不能开裂。

病铃

20. 根结线虫病（线虫病）*Meloidogyne incognita* Kofoid & White

受害棉花的主根和侧根上有不规则的膨大块，即根结。严重时造成地上部植株矮化，叶片变黄、萎蔫，甚至死亡。

病根(左)与健根对比

21. 锈　病（真菌病）*Phakopsora gossypii* Arth.

或 *Puccinia schedonnardi*

或 *Puccinia cacabata* (Arth.) Hoevay

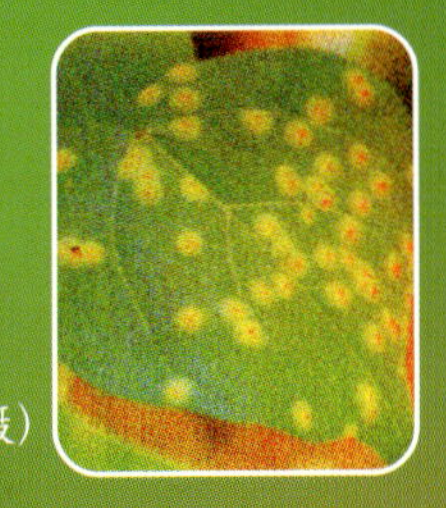

病叶（李庆基 摄）

主要危害棉花叶片。叶片两面散生棕褐色小疱斑，破裂后散出绣褐色粉状物，后期病斑产生黑褐色小点。

缺氮

22. 缺　氮

老叶先呈黄绿色，严重时幼叶亦呈黄绿色，后变为黄色，再变为红色，最后呈棕色干枯。严重时造成植株矮小、枝条及现蕾开花等减少、结铃少、产量低。

23. 缺 镁

叶片失绿，叶尖端和叶缘脉间色泽变淡，由淡绿变黄再变紫，叶脉间呈现各色斑点，棉铃和苞叶亦变为绿色，棉株发育迟缓。症状由下而上，由叶缘到中央逐渐变红，叶脉仍呈绿色；根系短小，二次侧根不发达。

缺 镁

24.缺　硼

苗期缺硼造成子叶肥厚、颜色深绿，叶柄较长，下部叶柄出现环带，叶色深绿肥大，严重时，生长点停止生长、不长真叶；蕾期缺硼造成叶柄较长，下部叶柄出现褪绿环带，叶色深绿肥大，下部叶片萎蔫下垂，现蕾少，果枝粗短，并在叶柄上有绿色环节；花铃期缺硼严重时出现“蕾而不花”，少数蕾开花，花小；多数花蕾失绿，苞片张开，“花而不铃”最后脱落；个别结铃也是畸形瘦小且发育很慢，幼铃顶端较尖，呈弯钩状。

病株

茎秆上的绿色环带

25.缺　钾

病 株

下部叶片颜色褪绿变黄，症状自下而上发展，由叶缘到中央，由叶尖到叶基。长期缺钾造成全株发病，叶片皱缩、发脆，叶片卷曲、焦枯，呈红褐色以至干枯脱落；棉铃瘦小，蕾铃易脱落，不能正常吐絮，难于成熟，纤维品质变劣。

26.缺　磷

生长缓慢，植株矮小，茎杆细脆，叶片小且叶色暗绿，严重时呈紫色；落叶早，根系发育不良，开花结铃受阻，成铃率低，籽不饱满，吐絮延迟，产量低，品质差。

病 叶

27. 冻　害

秋冬季节过早降温或提前下霜所致，在叶片正、背面出现冻伤斑。

病　叶

病　叶

28. 药　害

急性药害：施药后几小时或几天内表现为叶片烫伤，呈水渍状，或出现斑枯、条纹、变色、卷缩、焦枯等症状。

慢性药害：施药后较长时间表现出植株矮化、畸形、叶肉增厚、叶色浓绿、叶形皱缩等症状，严重时侧枝丛生、生长点坏死。

夏季高潮湿闷热天气喷施乙草胺，易形成花叶

缩节胺过量，植株矮缩、茎叶变短，叶片浓绿变厚

触杀型除草剂药害

激素及除草剂药害：表现为生长受抑制、畸形甚至死亡。如2，4－D药害使叶片变小变窄呈“鸡爪”状。氟乐灵药害后主根形成肿瘤，次生根生长受抑制而影响生长。

2,4-D 药害造成叶片伸长似鸡爪状

激素型除草剂药害、茎基部膨大(右)

播种期及苗期病害防治

特 点	防治对象	防治措施
1.棉苗根茎较幼嫩，抗病能力弱，易受病菌侵染而腐烂 2.多种病菌复合侵染，反复发生，症状难区别 3.易引起僵苗、病苗、烂芽、烂根，叶枯茎腐，缺苗断垄，成片死亡	立枯病、炭疽病、红腐病、黑斑病、猝倒病、轮纹斑病、疫病、角斑病、褐斑病、茎枯病、苗期枯黄萎病等	1.农业防治 (1) 选取籽粒饱满，发芽率高、发芽势强的抗虫耐病品种 (2) 播前精细整地，增施有机肥，利于棉苗出土和健壮生长，出苗后早、勤中耕以提高地温，利于根系发育，减轻苗病发生 (3) 间苗时去除病苗留健苗 2.药剂防治 (1) 种子包衣。种子硫酸脱绒后用种子量0.4%的20%卫福、或用种子量0.2%的2.5%适乐时与种子量0.04%的35%金阿普隆混合包衣。或用种子量0.6%的50%甲基托布津或种子量1%的40%五氯硝基苯粉剂进行药剂拌种防治立枯病、红腐病、猝倒病等 (2) 浸种处理。可用“三开一凉”温水（55℃～60℃）浸种30分钟；或用40%黄枯净粉剂按种子量1%，或50升水加40%多菌灵胶悬剂按种子量2%浸泡14小时捞出晾干，可杀死种子上的病菌，防治棉花枯黄萎病、立枯病等 (3) 药剂喷雾。发病后用50%多菌灵或70%甲基托布津可湿性粉剂800～1000倍喷雾防治立枯病；用2.5%百克乳油500～800倍喷雾防治炭疽病；波尔多液1∶200倍喷雾防治黑斑病、角斑病、茎枯病；每7天喷1次，连喷2～3次。也可直接灌根防治根茎病害

蕾期病害防治

特　点	防治对象	防 治 措 施
棉花现蕾到开花，历经25～30天，棉花开始进入生殖生长阶段，为棉枯黄萎病等多种病害的发病期。常造成叶片、蕾和花发黄脱落甚至棉株枯死，影响后期产量和品质	枯萎病、黄萎病、茎枯病等	1.田间如发现零星病株，应及时拔除，并进行病穴消毒 2.用黄腐酸有机肥液叶面喷600～800倍，并加入杀菌剂，7～10天喷1次，连喷2～3次预防 3.初现病症时，用12.5%水杨多菌灵200倍液，或50%多菌灵1000倍液、70%甲基托布津1000～1500倍液灌根，每株灌100毫升，间隔10～25天再灌根一次；也可用1%的硫铵水、2%碳铵水等化肥水灌根，促进病株复壮生长，控制病情发展 未发病地块，也应喷洒黄腐酸有机肥或绿风95、磷酸二氢钾等叶面肥，以提高棉株抗病力，减少发病

花铃期病害防治

特 点	防治对象	防 治 措 施
棉花各组织进入旺盛生长阶段，危害各部位的病害相应发生。如危害叶片的角斑病、褐斑病；危害棉铃的疫病、炭疽病；危害植株的枯黄萎病等。严重时常造成蕾铃脱落以及烂铃、僵铃，影响产量和品质	枯萎病、黄萎病、红叶枯病、疫病、炭疽病、红腐病、红粉病、灰霉病、曲霉病、黑果病、软腐病等	1.加强田间肥水管理，重施花铃期肥，避免单独、过多施用氮肥，增施复合肥料，防止棉株徒长及株间郁闭 2.连续阴雨后，及时开沟排水，及时整枝、摘心、打顶、去除老叶，降低田间湿度，减少烂铃发生 3.田间出现烂铃时，及时摘除并进行喷药防治，可用50%多菌灵、70%甲基托布津、75%百菌清等药剂500～1000倍液喷雾进行防治，每7～10天喷1次，连喷2～3次

播种前缺素症防治

特点	防治措施
土壤有机质的含量直接影响肥力水平和棉花产量。科学合理施足基肥至关重要	1.施足农家肥，北方棉田每公顷用30～45吨做基肥，高产棉田每公顷用45～75吨。南方棉田一般每公顷用15吨左右，或每公顷用绿肥11.25～22.5吨 2.化肥促农家肥，培肥土壤。一般棉田，每667平方米施纯氮2.5千克做基肥，与农家肥一起在耕翻前施入土壤；中上等地力棉田，基肥每667平方米施4千克左右；地力较高，保肥能力强的棉田，基肥可施6～8千克氮肥 3.中等肥力棉田每667平方米施用氯化钾或硫酸钾9～10千克，中下等肥力棉田每667平方米施用15千克左右 4.缺硼棉田每667平方米施用0.5千克硼砂于播种沟或移栽沟、穴中 5.缺锌棉田，施锌肥(硫酸锌)每667平方米1～2千克，拌细干土150～225千克，撒入棉田，翻入土中做基肥

苗期缺素症防治

特点	防治措施
棉株体小，叶面积也较小，光合作用少，肥料需求少	1.一般棉田在施足基肥的条件下，可以不施追肥 2.棉、麦两熟套种棉田需适当追肥促进生长。在小麦收割后尽快中耕灭茬，追肥浇水。一般每667平方米施用尿素3.5～5千克或腐熟人粪尿150～250千克 3.缺硼棉田苗期每667平方米施用硼砂0.25～0.5千克进行追肥

蕾期缺素症防治

特 点	防 治 措 施
棉株在旺盛营养生长的同时，逐步转入生殖生长，碳、氮代谢达到最旺盛，根系基本成熟，养分吸收大大增强，肥料的供应对棉花株型、增蕾保铃至关重要	1.高中等肥力棉田，可不施氮肥；轻质土壤、肥力较低的棉田，每667平方米可追施尿素5～6千克。麦套夏播短季棉，需在盛蕾期(7月中旬)，每667平方米一次性追施尿素10～20千克。应避免施用过多氮肥，造成棉花徒长，花蕾脱落 2.追施钾肥，提高茎叶中含钾量。在现蕾期，每667平方米追施氧化钾2.25～6千克，或追施硫酸钾4.5～12千克 3.缺锌棉田，若未施锌肥做基肥，可在蕾期连续喷2～3次0.2%硫酸锌作为根外追肥，相隔7～10天可再喷施1次

花铃期缺素症防治

特点	防治措施
进入棉花蕾铃旺盛生长期，对水肥需求达到高峰。该阶段需肥量占总需肥量的80%。需重施花铃肥，实现壮棵稳长，增结三桃	1.重施氮肥。始花期与盛花期间，每667平方米追施尿素15～20千克，开穴深施。追肥后及时浇水，保持土壤持水量60%～70%。高肥力棉田可于盛花期再补施一次氮肥，每667平方米2～3千克，花铃期追肥不能晚于7月底 2.花铃期不宜土施磷、钾肥，若磷、钾不足，可将0.2%～0.3%的磷酸二氢钾与0.5%～1%的尿素配合叶面喷施，10～15天喷1次，3～4次即可 3.蕾期到花铃期以0.2%硼砂或硫酸锌溶液连续喷2～3次。每667平方米喷雾量为初花期40～50千克，盛花期50～60千克，以傍晚或阴天时为宜。如遇下雨，应重新补喷

药害预防及补救

预防措施	补救措施
1.合理选药，正确使用。施药前详细阅读使用说明书，掌握农药的性质和防治对象，不能随意混配 2.慎重使用除草剂。除草剂要用专用喷雾器，不能与杀虫剂混用；要慎重选择芽前除草剂，普遍使用的乙草胺、氟乐灵等不能连续多年使用，且不能多喷、重喷 3.严格控制使用浓度和剂量。不要随意加大用量和浓度，避免过量使用产生的药害 4.科学喷施。要根据天气、农药剂型选择喷药，大风天和高温闷热、阳光强烈的中午不要喷药	1.施肥促长。叶面出现药斑、枯焦或黄化症状棉田，增施肥料促进棉株生长，减轻药害程度，肥料以速效肥为主，一般每667平方米用碳酸氢铵10千克左右 2.水洗解毒。对错用农药品种的棉株，立即喷施大量清水冲洗，也可根据农药药性喷施对其有抑制解毒作用的药剂进行中和 3.激素调节。棉株受害后生长受阻，生理活性降低，可在叶面喷施赤霉素调节其生长，提高棉株生理活性，隔5天喷1次，连喷3～4次可明显缓解

二、棉花害虫及防治

1. 棉　蚜 *Aphis gossypii Glover*

棉蚜形态是多型的，生活在越冬寄主和侨居寄主上以及不同季节里的棉蚜在形态上有明显的差异。无翅胎生雌蚜椭圆形，有黄、青、深绿、暗绿等色，长1.5～1.9毫米。触角约为体长的1/2，复眼暗红色。前胸背板两侧各1个锥形小乳突。腹管黑色或青色，长0.2～0.27毫米，粗而圆呈筒形，基部略宽，上有瓦砌纹。尾片青或黑色，两侧各有刚毛3根，尾板暗黑色、有毛。

棉蚜及其为害状

幼苗受害状

若蚜和无翅成蚜

2. 菜豆根蚜 *Trifidaphis phaseoli* Pass

又称棉根蚜。主要在棉花苗期为害，无翅蚜在棉苗根部吸取汁液。体卵圆形，长1.8毫米，宽1.4毫米，乳白色或淡橘黄色，略有白色蜡粉。体表光滑，密被短尖毛。额瘤不明显，呈平顶状。触角短粗、较光滑、5节，有时6节，第四节有一小的圆形原生感觉圈，第五节基部有一大的圆形原生感觉圈。喙长锥形可达后足基节。足短粗。尾片小、半圆形，有短毛40根。

无翅成蚜在棉苗根部吸取汁液

若蚜和无翅成蚜

幼苗受害状

3. 棉叶螨 Cotton spider mites

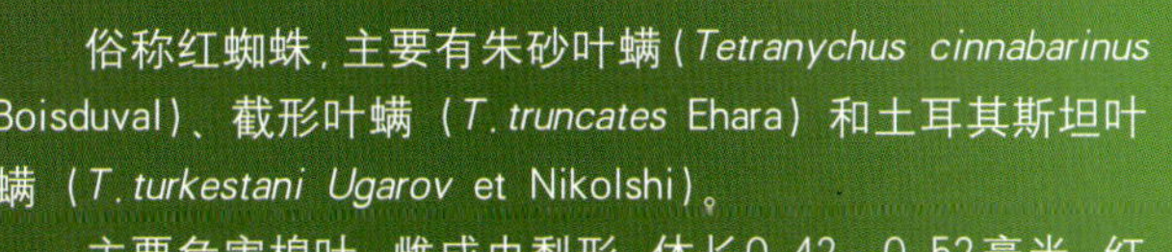

俗称红蜘蛛，主要有朱砂叶螨（*Tetranychus cinnabarinus* Boisduval）、截形叶螨（*T. truncates* Ehara）和土耳其斯坦叶螨（*T. turkestani Ugarov* et Nikolshi）。

主要危害棉叶。雌成虫梨形，体长0.42～0.52毫米，红褐色或锈红色，越冬雌虫呈橘红色，体背两侧各有1块黑长斑；雄虫体长0.26～0.36毫米，头胸部前端近圆形，腹部末端稍尖。

卵球形，初产时无色透明，渐变为淡黄至深黄，带有红色。幼虫3对足，若虫4对足。

放大后的若虫和成虫

叶片受害状

4. 蓟　马 *Thrips tabaci* lindeman/*Frankliniella Formosa* Monlton

主要为烟蓟马和花蓟马。

烟蓟马：成虫体长1～1.3毫米，淡褐色。前胸与头等长，背板上有短而密的鬃。翅淡黄色、细长，翅脉黑色。后翅前缘长有鬃毛，前后翅后缘的缨毛细长色淡。腹部圆筒形，末端较小。

花蓟马：成虫体长1.3～1.5毫米，雌虫淡褐色。头、前胸常为黄褐色。雄虫黄色。前胸前角有2根长鬃，靠近中线有稍短的1根长鬃，后角有2根长鬃，靠近中线亦有稍短的长鬃1根。前翅清晰，黄褐色，翅脉鬃连续，前脉鬃19～23根。

蓟马为害状

成虫放大状

5. 粉　虱　*Bemisia tabaci* Gennadius

又称烟粉虱。成虫长仅1毫米，翅纤细，身被白粉，头圆。卵小，仅0.2毫米，有短柄，黏附于叶片反面。初孵若虫有足能活动，蜕皮后附于叶反面呈扁卵形、黄色，体周分泌白色蜡质圈。蛹扁圆形，皮透明，可见红色复眼。

放大后的若虫和成虫

6. 棉铃虫 *Helicoverpa armigera* Hübner

成虫体长15～20毫米，翅展27～38毫米。雌蛾前翅赤褐色或黄褐色，雄蛾多为灰绿色或青灰色；后翅灰白色，翅脉褐色；雄蛾腹末抱握器毛丛呈“一”字形。

卵近半球形，顶部稍隆起，初产时呈黄白色或翠绿色，近孵化时为红褐色或紫褐色。

幼虫体色变化大，可分4个类型：①体淡红色，背线、亚背线淡褐色；②体黄白色，背线、亚背线浅绿色；③体淡绿色，背线、亚背线同色；④体绿色，背线与亚背线绿色。幼虫5～6龄。

蛹体长17～20毫米，纺锤形，第五至第七腹节前缘密布比体色略深的刻点。

卵

绿色型幼虫

蛹

成虫

黑色型幼虫

棕褐色型幼虫

淡红色型幼虫

灰色型幼虫

橘黄色型幼虫

淡黄色幼虫

7. 红铃虫 *Pectinophora gossypiella* Saunders

成虫体长6.5毫米，翅展12毫米。前翅尖叶形，棕黑色。后翅菜刀状，银灰色。

卵长椭圆形，初产时乳白色，有闪光，有花生壳状纹，孵化前一端变红色，有一黑点。

幼虫体长11～13毫米，润红色，头部棕褐色。前胸硬皮板中央有一淡黄纵线，两侧各有一下凹的黄色肾形斑点。

蛹长椭圆形，黄褐色，体表披有短绒毛，尾端有向上弯曲的臀刺，周围有钩状刚毛8根。

成虫

幼虫

8. 金刚钻 Cotton *Earias.*

主要有鼎点金刚钻（*Earias cupreoviridis* Walker）、翠纹金刚钻（*E. fabia* Stoll）和埃及金刚钻（*E. insulana* Buisduval）。

鼎点金刚钻成虫体长6～8毫米，翅展16～18毫米。前翅大部黄绿色，外缘角橙黄色，外缘波状、褐色，翅上有鼎足状的小斑点3个。幼虫体长10～15毫米，浅灰绿色。

翠纹金刚钻成虫体长9～13毫米，翅展20～26毫米。前胸背草绿色，正中有一白纵纹，前翅桨状，前后缘呈较宽白条斑，其间成草绿窄三角形。幼虫体长12～15毫米，赤褐色，有蜡光。

埃及金刚钻成虫体长7～12毫米，翅展20～26毫米。前翅桨状，绿色。前横纹与亚横纹为“W”形，亚横纹中间不连接，后横纹“V”形，暗绿色。前后横纹间，有一暗色斑点。幼虫体长10～15毫米，浅灰绿色。

鼎点金刚钻成虫

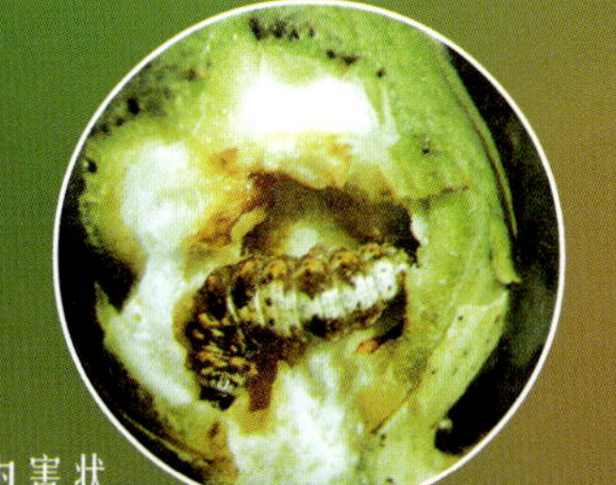

翠纹金刚钻幼虫及其为害状

9. 玉米螟 *Ostrinia furnacalis*（Guenee）

成虫雄蛾体长 10～14 毫米，翅展 20～26 毫米，复眼黑色。头、胸背面红白色。前翅线红褐色或黄褐色，后翅灰黄色，基部有翅缰 1 根。雌蛾体长 13～15 毫米，翅展 26～34 毫米。头胸背面淡黄褐色。前翅淡黄褐色，后翅和腹部均为淡灰褐色，基部有 2 根翅缰。

卵 15～60 粒产在一起，成不规则鱼鳞状。初产时为乳白色，后转为黄白或淡绿色。

老熟幼虫体长 23～25 毫米，头壳深棕色，体色淡灰褐色或淡红褐色，有纵线 3 条，以背线为明显。

蛹纺锤形，黄褐色至红褐色，体长 13～18 毫米，体背密布细小波状横皱纹。

成虫

茎杆受害状

棉铃受害状

叶柄受害状

卵

10.小造桥虫 *Anomis flava* Fabricius

成虫体长10～13毫米，翅展26～32毫米，前翅外缘中部向外突出。雄蛾前翅黄褐色，触角双栉齿状。雌蛾前翅淡黄色，触角丝状。卵绿色，扁圆形，卵壳纵脊和横脊明显。

老熟幼虫体长35～37毫米，圆筒形，胸足3对，腹足2对半，爬行时呈拱形桥状。

幼虫为害状

卵

幼虫

成虫

11. 大造桥虫 *Atractomorpha lata* Motschulsky

雌成虫体长16～20毫米，翅展45毫米，体色多变化，常见为浅灰色，遍布褐色及淡黄色的小鳞片。雄蛾体长15毫米，翅展38毫米，淡黄色。前后翅基部色稍黄。翅中央各有一个暗褐色的星斑，靠前有一条深灰黑波纹。

幼虫

雄成虫(左)和雌成虫(右)

12. 大卷叶螟 *Syllepta derogata* Febricius

成虫体长10～14毫米，翅展22～30毫米。全体黄白色，有闪光，头背面方形扁平，后头有一黑褐色小点。前翅中央接近前缘处有似"OR"形的褐色斑纹。

老熟幼虫25毫米，宽约5毫米，全体青绿色，头扁平赤褐色，夹杂不规则暗褐色斑纹。胸腹部青绿色，前胸背板赤褐色，背线褐绿色。有转移为害习性。

蛹13～14毫米，细长呈竹笋状，红棕色，从腹部第九节到尾端有刺状突起。

成虫

幼虫

蕾受害状

叶片受害状

13. 甜菜夜蛾 *Lapygma exigua* Hübner

成虫体长10～14毫米，体灰褐色。卵粒馒头形，直径1～5毫米，重叠为卵块，覆盖有绒毛。幼虫体长约22毫米，体色有浅绿色、暗绿色、灰褐色至黑褐色，气门下线有明显的黄色纵带。

卵块

成虫

淡青色型幼虫

绿色型幼虫

灰褐色型幼虫

棕色型幼虫

14. 斜纹夜蛾 *Prodenia litura* Fabricius

成虫体长14～20毫米，翅展33～42毫米，头、胸、腹深褐色，胸部有白色丛毛，腹部背面中央有暗褐色丛毛。前翅灰褐色，自翅基部向外缘有一条白纹。

卵半球形，初产时黄白色，快孵化时呈紫黑色，卵壳表面纵棱自花冠直达底部。上覆有灰黄色绒毛，每卵块十至数百粒卵，一般重叠排列2～3层。

初孵幼虫

老熟幼虫体长35～47毫米，头部黑褐色，胸腹部颜色变化较大，虫口密度大时，体色纯黑，数量少时，多为土黄色或绿色。

卵块

蛹长15～20毫米，初蛹为脂红色，后为赭红色，气门后缘为锯齿状，前缘宽，周围黑色。

低龄幼虫为害叶片

成虫

黑褐色型幼虫

棕红色型幼虫

浅褐色型幼虫

土灰色型幼虫

15. 银纹夜蛾 *Argyrogramma agnata* Staudinger

成虫体长15～17毫米，头胸部灰褐色，前翅深褐色。老熟幼虫体长26～31毫米，1～3腹节常弯曲，身体青绿色。卵半球形，初产卵乳白色，后变为紫色。蛹体长18～20毫米，纺锤形，初淡绿色。

幼虫为害叶片，造成孔洞或缺刻，严重时将叶片吃光。

幼虫

成虫

蛹

16. 大蓑蛾 *Clania variegata* Snellen

老熟幼虫体长25～40毫米，头暗褐色，胸部黄褐至灰褐色，并有赤褐色纵带，腹部灰黑至暗灰色或黄褐色。取食叶片，为害果枝和嫩铃皮层，叶片造成孔洞和缺刻。

雄成虫体长15～17毫米，翅展35～44毫米，体翅均黑褐色，前后缘附近黄褐色，后翅褐色。雌成虫体长约25毫米，头部黄褐色，体淡黄色，胸部及腹末多绒毛。

蓑囊40～60毫米，纺锤形，囊外附有较大碎叶片和少数排列零散的枝梗。

蓑囊

幼虫

17. 棉盲蝽 Cotton Lygus

主要有绿盲蝽（*Lygus lucorum* Meyer-Dür）、苜蓿盲蝽（*Adelphocoris lineolalis* Goeze）、中黑盲蝽（*Adelphocoris suturalis* Jackson）。

绿盲蝽：体长5.2毫米，绿色。前翅绿色，膜质部分暗灰色。

苜蓿盲蝽：体长7.5毫米，黄褐色。前胸背板后缘有二黑圆点，小盾片上有“W”形黑纹。

中黑盲蝽：体长7毫米，褐色。前胸背板中央有二小黑色圆点，小盾片、爪片为黑色。

幼蕾受害

中黑盲蝽成虫

受害叶片

三点盲蝽成虫

绿盲蝽成虫

苜蓿盲蝽成虫

18. 棉二点红蝽 *Dysdercus cingulatus* Fabricius

成虫体长15毫米，头、前胸、背板、腹节背面和前翅为赭红色，喙大部分呈红色，前翅革质，中央各有1大卵圆黑斑，触角4节、黑色。

成虫

19. 斑须蝽 *Dolycoris baccarum* Linnaeus

成虫体长8～13毫米，紫褐色，全体被有细毛，密布黑点。触角5节，各节先端黑色，基部黄白色。小盾片近三角形，末端较圆、光滑、淡黄色、无刻点。前翅革质部淡红褐色至暗红褐色。腹部外露部分黄色，侧接缘的节缝两边黑色。足黄褐色，胫节末端及跗节黑褐色。卵排列成平面块状，有盖。

卵块

成虫

20. 稻绿蝽 *Nezara viridula* var. *smaragduta* Fabricius

成虫体长12～15.5毫米，浅绿色。初孵若虫黄赤色，每次蜕皮后，体色逐步变化。

卵都集中成排，单个卵圆柱形，顶端凹陷，但中心都隆起，卵顶周围有白色小齿刺。以成虫、若虫为害棉花嫩顶、嫩叶和青铃。

稻绿蝽成虫

21.大青叶蝉 *Empoasca biguttula* Shiraki

若虫

又称浮尘子。成虫为一脊状淡绿色小虫，体长3毫米左右，头大，中部向前突出，前胸被板与小盾板明显区分。前翅膜质覆盖住后翅，两翅前部靠向端部交叠。

成虫

22. 黑蚱蝉 *Cryptotymp anaatrata*（Fabricius）

成虫体长40～48毫米，体大型，黑色有光泽，局部密生金黄色细毛。头的前缘及额顶各有1块黄褐色斑。中胸背板有“×”形红褐色隆起。翅透明，翅基部黑色，翅脉黄褐色。腹部各节侧缘黄褐色。雄成虫腹部1～2节有鸣器，雌虫腹部无鸣器。卵近梭形，长2.5毫米，乳白色渐变淡黄色。

受害状

茎内卵

成虫

若虫

23. 美洲斑潜蝇 *Liriomyza sativae* Blanchard

成虫体长2毫米左右，雌虫略大，复眼、单眼三角区、后头及胸和腹背面为黑色，其余部分及小盾板基本为黄色。

幼虫为无头蛆状，初孵幼虫色淡，渐变为黄色至鲜黄色。老熟幼虫体长约2毫米，最大不超过3毫米，蛹长1.3～2毫米，鲜黄色至橙黄色。

雌成虫刺伤叶片取食并产卵，幼虫潜入叶片和叶柄为害，产生不规则蛇形白色虫道。

成虫

受害叶片

蛹(左)和幼虫(右)

24.地老虎 *Agrotis ypsilon* Rott./ *Euxoa segetum* Schif

主要包括小地老虎和黄地老虎。

小地老虎：成虫体长16～23毫米，翅展42～54毫米。前翅深灰褐色，后翅灰白色，翅脉褐色。卵半球形，约0.5毫米大小，有纵纹和横纹。初孵幼虫砂褐色，取食后转绿，入土后为灰褐色。老熟幼虫体长37～47毫米，头部褐色，有黑褐色网纹。蛹长18～24毫米，赤褐色，尾端黑色，有刺2根。

黄地老虎：成虫体长14～19毫米，翅展32～43毫米。前翅黄褐色，有1个明显黑褐色肾形斑纹和环形斑纹。后翅白色，前缘略带黄褐色。卵淡黄褐色，上有淡红晕斑，孵化前黑色。老熟幼虫体长33～45毫米，头部深黑褐色，有深褐色网纹，体表多皱纹。蛹体长16～19毫米，红褐色，腹部末端有1对粗刺。

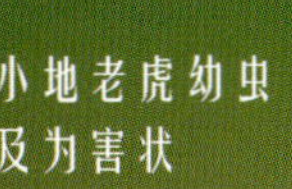

小地老虎幼虫及为害状

小地老虎成虫

黄地老虎幼虫

黄地老虎蛹

黄地老虎成虫

25.蝼　蛄

主要为华北蝼蛄(*Cryllotalpa unispina* Saussure)和东方蝼蛄(*G. orientallis* Burmeister)。

华北蝼蛄：体长为39～45毫米，黄褐色或黑褐色，头部暗褐色，着生有黄褐色细毛。前翅约14毫米，平叠于背，后翅纵卷成筒状，附于前翅下。足黄褐色，密生细毛，前足发达。

东方蝼蛄：形态与华北蝼蛄相仿，体长29～31毫米，体淡黄褐色，密生细毛，后足胫节背面内缘有3～4个棘。

华北蝼蛄成虫

东方蝼蛄成虫

26.金针虫

主要有沟金针虫(*Pleonomus canaliculatus* Faldermann)、细胸金针虫(*Agriotis fusicollis* Miwa)和褐纹金针虫(*Melanotus caudex* Lewis)三种。取食种子、根、茎，并钻入根部或块茎内为害。

沟金针虫：雌成虫体长16～17毫米，触角11节，身体扁平，深褐色。身体及鞘翅密生金黄色细毛，头扁平，头顶呈三角形洼凹。雄成虫体长14～18毫米，触角12节，长达鞘翅末端，足较细长。老熟幼虫体长20～30毫米，体节宽大于长，体生有黄色细毛。

细胸金针虫成虫

细胸金针虫幼虫

褐纹金针虫幼虫

细胸金针虫：成虫体长8～9毫米，密生灰色短毛，有光泽，头胸部黑褐色，前胸背板略带圆形。幼虫体细长，圆筒形，淡黄色有光泽，长约23毫米。

褐纹金针虫：成虫体长9毫米，体细长，黑褐色并生有灰色短毛。老熟幼虫体长约25毫米，体细长，圆筒形，茶褐色有光泽。

沟金针虫幼虫

沟金针虫成虫

27. 野蛞蝓 *Agriolimax agrestis* L.

俗称“鼻涕虫”。似蜗牛，无外壳。成虫柔软，暗灰色至黄白色，有明显暗带或斑点，背部有外套膜。体长20～25毫米，有2对触角，前触角中间凹陷处是口，口内有排列齿状的取食器，后触角端部有眼，腹足扁平，体背及腹面有很多腺体细胞分泌黏液，爬行留下黏痕。

野蛞蝓成虫

28. 蝗　虫

中华稻蝗（*Oxya chinensis* Thunberg）。成虫体长16～40毫米，雌虫比雄虫约大1倍，体淡黄色，前翅淡褐色，翅前缘绿色，翅长超过后足腿节末端。以成虫、若虫啃食棉叶、花和嫩铃。

短额负蝗（*Atractomorpha sinensis* Bolivar）。雄成虫体长19～23毫米，雌成虫体长28～35毫米，体草绿、绿、黄绿或褐色，有淡黄色瘤状突起。头尖，颜面斜度很大，与头成锐角。触角剑状，雄成虫触角的长等于头胸之和，雌成虫触角较短。

长额负蝗（*Atractomorpha lata* Motschulsky）。雄成虫体长21～25毫米，雌成虫30～40.5毫米；体绿色、黄绿色或淡黄色，体形较粗壮。头锥形，顶端略尖；触角粗短，剑状；前翅较长，后翅颇短于前翅。

日本黄脊蝗（*Patanga japonica* Bolivar）。成虫体长31～36毫米，黄褐色至暗褐色。体背沿中线自头顶至翅尖有明显的淡黄色纵条，复眼下有短黑色条纹。体腹面及腿下绒毛较密。

中华稻蝗成虫

短额负蝗成虫

日本黄脊蝗成虫

29. 金龟子

棉田常见的有东北大黑鳃金龟（*Holotrichia diomophalia* Bates）、黑绒金龟子（*Serica orientalis* Matsch）、大绿金龟子（*Anomala cuprea* Hope）等。幼虫习称蛴螬。

大黑金龟子：成虫体长16～21毫米，体呈黑褐色，有光泽。鞘翅有隆起纵纹数条，散布刻点。胸部密生黄色长毛，腹部褐色。

黑绒金龟子：体长7.6毫米，褐色、黑褐色或紫褐色，有黑灰色绒毛。鞘翅有多数隆起纵纹，有细点，侧缘有一列刺毛。腹面黑褐色，有黄白色短毛。

大绿金龟子：体长20～24毫米，体色浓绿色，有光泽。鞘翅密布刻点，纵行沟纹不显著。胸部及腹面赤铜色，有闪光。

金龟子幼虫(蛴螬)

金龟子成虫害叶状

大黑金龟子成虫

播种期及苗期害虫防治

特点	防治对象	防治措施
从棉花播种到出苗，由于棉苗植株幼嫩，往往遭受多种地下害虫和地上食叶害虫的危害。常造成缺苗断垄、棉花生长停滞，形成“公棉花”、“破头棉”、“多头棉"和“破叶疯”	地老虎、蝼蛄、蛴螬、金针虫、蜗牛、棉蚜、叶螨、蓟马、种蝇、盲蝽蟓等	1. 农业防治 冬耕冬灌，消灭越冬虫源；播种前和出苗后清除田内外杂草，可消灭害虫的卵和幼虫；在棉田不间作和套作玉米、豆科和瓜类作物，并铲除田边杂草，避免地老虎、棉叶螨等转移为害棉苗 2. 药剂防治 （1）种子处理：选取籽粒饱满的抗虫棉，硫酸脱绒后用种子量0.5%的60%高巧或种子量0.3%的70%锐胜等种衣剂进行包衣，防治苗期地老虎、棉蚜、蓟马等危害 （2）地下害虫防治：每667平方米用90%敌百虫50克，加水1000毫升与2500克炒香的棉籽饼混匀，傍晚撒在棉苗旁边，间隔一定距离，可有效控制地老虎、蛴螬等危害。地老虎发生较重田块，可用40%辛硫磷乳油500～800倍液灌根，兼治蝼蛄、蛴螬等地下害虫 （3）喷雾防治：防治棉蚜可用10%吡虫啉或3%啶虫脒每667平方米20～40克，稀释1000～2000倍液喷施到棉叶背面防治棉蚜兼治蓟马；或使用3.5%甲敌粉每667平方米2千克喷粉防治棉蓟马；使用20%哒螨灵2000～3000倍液防治棉叶螨；使用48%毒死蜱或10%氯氰菊酯1000～2000倍液防治盲蝽蟓，早晚喷治

蕾期害虫防治

特点	防治对象	防治措施
棉花现蕾以后，田间气温逐渐升高，植株进入旺盛生长阶段，多种害虫开始迁入棉田危害叶片和蕾铃，同时各种天敌也开始大量繁殖	二代棉铃虫、盲蝽蟓、棉蚜、叶螨、玉米螟、美洲斑潜蝇、烟粉虱、蓟马等	1.农业防治 清除田间地头杂草，降低虫源基数；及时整枝打杈，清除田间有虫棉株；适时施肥灌溉，促进棉株生长；利用黑光灯或频振式杀虫灯诱杀成虫 2.生物防治 人工释放卵寄生蜂，如利用赤眼蜂防治二代棉铃虫、蚜茧蜂防治棉蚜等；保护利用自然天敌：当田间瓢蚜比在1∶150以下或棉蚜寄生率达到30%以上时，不用施药防治。也可种植转基因抗虫棉 3.药剂防治 使用选择性药剂硫丹、丙溴磷、拉维因等稀释1000～1500倍液防治棉铃虫可兼治棉盲蝽、美洲斑潜蝇；使用阿维菌素、浏阳霉素、克螨特等2000～3000倍液喷雾防治棉叶螨；使用吡虫啉或啶虫脒1000～2000倍稀释液防治棉蚜可兼治蓟马、烟粉虱等。此外，配合使用核型多角体病毒或白僵菌稀释液400～500倍喷雾防治棉铃虫及其他鳞翅目害虫效果较好

花铃期害虫防治

特点	防治对象	防治措施
棉花植株逐渐增大，田间害虫种类和数量增多，危害分散隐蔽，防治工作难度大；防治效果好坏直接影响棉花产量和品质	棉铃虫、伏蚜、叶螨、盲蝽蟓、造桥虫、红铃虫、金刚钻、象鼻虫、烟粉虱、棉蓟马、甜菜夜蛾、斜纹夜蛾等	1. 农业防治 结合田间农事操作，通过打顶尖、去边心，去除无效花蕾，可有效消灭害虫的卵和幼虫；利用黑光灯或频振式杀虫灯诱杀成虫等 2. 药剂防治 使用吡虫啉、啶虫脒、阿克泰等烟碱类药剂稀释1000～2000倍液防治棉花伏蚜；使用阿维菌素、克螨特、哒螨灵2000～3000倍液防治点片发生的棉叶螨；使用硫丹、辛硫磷、马拉硫磷稀释500～1000倍液防治棉盲蝽兼治棉象甲、蓟马、棉蚜等；选用甲氨基阿维盐、阿维菌素、硫丹、辛硫磷、高效氯氟氰菊酯500～1000倍液或棉铃虫核多角体病毒300～400倍液等杀虫剂防治棉铃虫兼治其他鳞翅目害虫

三、棉田天敌的保护利用

1. 七星瓢虫 *Coccinella septempunctata* Linnaeus

俗称“花大姐”。成虫呈半球形，成虫前胸背板黑色，小盾片为三角形、黑色。鞘翅橘黄色至橘红色，上有7个黑斑点，其中1个斑点在小盾片下方，被鞘翅缝分成两半。幼虫第一、第四节背侧刺疣和侧下刺疣颜色随虫龄逐渐显现为橘黄色斑，其余为黑色；卵成堆竖立在棉叶背面，橙黄色。

主要取食各种蚜虫，如棉蚜、麦蚜、豆蚜、玉米蚜、菜缢管蚜等。

幼虫

蛹

成虫

2.异色瓢虫 *Leis axyridis*（Pallas）

成虫体卵圆形，鞘翅有淡色型和深色型两种，浅色型鞘翅为橙黄色，深色型鞘翅为黑色，上有红色斑点，较常见的为2斑、4斑和10斑。幼虫腹部第一至第五节背侧矮刺橘黄色，第一、第四和第五节背中央的矮刺呈橘黄色。卵粒整齐排列成块状，橙黄或黄色。

捕食各种蚜虫。

成虫

幼虫　　蛹

3. 龟纹瓢虫 *Propylaea japonica* (Thunberg)

成虫体型中型，鞘翅黄白、黄色或略带红色，具龟纹状黑色斑纹，鞘翅缝黑色。卵多成块直立于棉叶背面，初产卵乳白色，后变为黄色，又变为橙黄色，近孵化时黑色。幼虫前胸背板前缘和侧缘白色，中、后胸中部有橙黄色斑，腹部侧下刺疣橙黄色，第二、第三、第五至第七腹节侧下刺疣为黄白色。

主要取食棉蚜，也取食麦蚜、玉米蚜、菜蚜及棉铃虫卵、幼虫等，对中后期害虫控制强。

二点型成虫

龟纹型成虫

幼虫

4. 深点食螨瓢虫 *Stethorus punctillum* Weise

成虫体长1.3～1.4毫米，宽1～1.1毫米，卵圆形，中部最宽。体黑色，全身密生白毛。口器和触角褐黄色，有时唇基亦为褐黄色。足腿节基部黑褐色，末端或端部褐黄色，胫节及跗节亦为褐黄色。

主要捕食棉叶螨。

成 虫

成 虫

5. 中华草蛉 *Chrysopa sinica* Tieder

成虫体长9～10毫米，前翅长13～14毫米，后翅长11～12毫米，翅脉大部分为绿色，阶脉为黑色，翅痣黄白色。体黄绿色。卵初产为绿色，着生在丝柄上，卵单产，卵柄较短。幼虫头部有一对倒“八”字形褐斑。

以成、幼虫捕食棉蚜、棉花叶螨、棉铃虫、红铃虫、玉米螟、盲蝽，小造桥虫、金刚钻、棉叶蝉等多种害虫。

成虫

卵

幼虫捕食状

6.大草蛉 *Chrysopa septempunctata* Wesmael

成虫体长13～15毫米，前翅长17～18毫米，在草蛉中个体最大。前翅前缘横脉全部黑色。卵聚产，常数十粒产为一丛，卵柄较长。幼虫黑褐色，长8.9毫米左右，宽3.2毫米左右，头背面有三个呈“品”字形排列的大黑斑。

捕食多种蚜虫、多种鳞翅目害虫卵、幼虫。

成虫

卵

7.小花蝽 *Orius similis* Zheng

虫体较小，初羽化时黄白色，以后深褐色，有光泽。卵粒为长茄子形，初产时为白色，近孵化时有一对红色眼点。初孵若虫白色透明，一般有4龄，少数3龄至5龄。取食后体色逐渐变为橘黄色至黄褐色，复眼鲜红色。

取食棉蚜、棉花叶螨、蓟马、叶蝉、盲蝽的小若虫以及棉铃虫、红铃虫、玉米螟、金刚钻、斜纹夜蛾、小造桥虫的卵和初孵幼虫。

若虫捕食状

8. 大眼蝉长蝽 *Geocoris pallidipennis*（Costa）

成虫体长3～3.2毫米，宽1.3～1.5毫米，全体黑褐色。前翅后缘中部有一椭圆形淡黑斑，两翅合拢呈“八”字形。头顶两侧后方各有一红色单眼。后眼暗褐色，大而突出，稍倾斜向后方延伸。

主要取食棉蚜、棉叶螨、蓟马、叶蝉、盲蝽若虫、红铃虫、棉铃虫、玉米螟、小造桥虫等鳞翅目的卵和小幼虫。

成 虫

9. 食虫齿爪盲蝽 *Deraeocoris puctulatus* Fallen

成虫体长6～7毫米，黄褐色，体表面光亮，有黑色及深褐色斑点，被有稀疏的黑色毛。

捕食棉蚜、麦蚜、桃蚜等各种蚜虫及螨类、飞虱等小型害虫。

成 虫

10. 棉铃虫齿唇姬蜂 *Campoletis chlorideae* Uchida

成虫

成虫通体红褐色，头、胸、足等部位有黑色斑，体长5～6毫米，雄虫腹部圆筒形，雌虫腹部侧扁。

主要寄主是棉铃虫，还可寄生斜纹夜蛾、玉米螟、烟草夜蛾、苜蓿夜蛾、小地老虎、黏虫及甘蓝夜蛾等鳞翅目昆虫幼虫。

11. 卷叶虫绒茧蜂 *Apanteles derogatae* Watanabe

成虫体长4毫米，黑色。卵及幼虫白色。茧长4～5毫米，茧绒淡黄色，块状。主要寄生棉大卷叶螟和棉小卷叶螟等害虫的幼虫。

幼虫

茧

12.螟铃悬茧姬蜂 *Charops bicolor*（Szepligeti）

茧圆筒形，质地厚，长6毫米，宽3毫米，两端稍钝圆，灰色，除顶斑外，上下方各有一圈并列的黑色斑，茧端有丝悬于棉叶上，状似悬挂的灯笼，丝长7～23毫米。

主要寄生小造桥虫幼虫，还可寄生鼎点金刚钻、黏虫、棉铃虫、玉米螟、稻纵卷叶螟、稻苞虫、苎麻夜蛾等害虫。

成虫

茧及寄主幼虫的皮壳

13. 三突花蟹蛛 *Misumenopos tricuspidata*（Fahricius）

雌蛛体长4.6～6毫米，宽扁，体形和动作与蟹相似。体色随环境变化很大，有绿、白、黄等颜色。头胸部绿色，腹部梨形，前狭后宽，腹背常有红棕色斑纹，近末端有褐色V形斑纹，外雌器圆环形。雄蛛体长3～5毫米，红褐色，头胸两侧各一条深棕色带，交配器似小圆镜，其基部一侧边缘有三个突起。

主要捕食棉铃虫、小造桥虫、金刚钻、玉米螟等鳞翅目的幼虫和成虫，还可捕食花上的蝇类等。

捕食状

14.棉蚜茧蜂 *Lysiphlebia japonicus* Ashmead

成虫黑色，体长1～2毫米。茧灰色或褐色，圆形，直径1.5～2毫米，有光泽，散布于叶背为害处。卵白色，纺锤形，产于蚜虫腹腔内。幼虫黄白色，蛆形。

主要寄生棉蚜，还可寄生麦蚜、桃蚜、菜蚜等多种蚜虫。

蚜虫被寄生状

成虫

15. 多胚跳小蜂 *Litomastix* sp.

成虫体长1.07～1.15毫米。雌蜂体黑色，头部、中胸背板、小盾片着生黄褐色毛，头、三角片、小盾片及中胸侧板微带紫色光泽，腹部黑褐色，末端毛较多。

主要寄生鳞翅目幼虫（体较粗大）。

棉铃虫被寄生状（张青文 摄）

银纹夜蛾幼虫被寄生状

16.茶色新圆蛛 *Neoscona theisi* Mialckenaer

雌蛛体长8毫米左右。背甲黄褐色，中央及两侧有黑色纵条纹。胸板黑褐色，中央有大的黄条。步足淡黄褐色，有轮纹。腹部卵圆形，背面中央有明显的黄白色条纹，腹面褐色，中央部分深褐色。

主要捕食棉铃虫、小造桥虫、棉大卷叶螟、玉米螟、金刚钻等鳞翅目害虫。

成 虫

17. T一纹豹蛛 *Pardosa T-insignita* Boes.et Str.

雌雄蛛头胸部背甲中央有黄褐色近似“T”字形纹，正中斑纹两侧有明显的缺刻，两边有黑褐色纵带斑纹，边缘黄褐色。腹部背面暗褐色，有黄色心形斑，并有“个”字形斑纹。雄蛛体长5～8毫米，雌蛛体长7～10毫米。卵囊灰白色，圆形略扁。

主要捕食棉蚜、叶蝉、盲蝽、棉铃虫、小地老虎、小造桥虫等。

成虫

18. 华姬猎蝽 *Nabis sinoforus* Hsiao

成虫体长7～8毫米，宽2～2.2毫米。土灰色，触角第一节较长。头狭长，头顶有褐色花纹。复眼暗褐色，单眼红色。前胸背板前半部有褐色花纹，中央有一条褐色带与中胸小盾片三角形褐斑相连。一年发生5代，6月上旬以成虫迁入棉田，发生盛期在6月中上旬、7月上旬和8月上旬。

华姬猎蝽成虫

19. 直伸肖蛸 *Tetragnatha extensa*（Linnaeus）

雌蛛体长8～12毫米，雄蛛体长6～9毫米。背甲黄褐色。雌蛛螯肢短于胸部之长，其外侧不向内凹，而成直线。雄蛛螯肢背面刺突尖端不分叉。胸部暗褐色，中央色淡，腹部宽长，背面有褐色网纹和银色斑，中央有1条黑色纵纹。腹背两侧各有1条金黄色纵纹，基部有两对黑圆点，末端有两对半月形黑斑。腹面中央有一条明显的黑纵带，两侧为银色。

主要捕食叶蝉、棉蚜以及小造桥虫等多种鳞翅目昆虫的幼虫。

成虫

20. 寄生菌（蚜霉菌、白僵菌、绿僵菌等）

寄生蚜虫有蚜霉菌（*Entomophthora fresenii* Batk），寄生鳞翅目幼虫或其他幼虫有白僵菌（Beauveria）、绿僵菌（*Motarrhizium anispoliae* Metch. Sor）、苏云金杆菌和核多角体病毒等。

棉蚜被蚜霉菌寄生状

绿僵菌寄生状

棉铃虫幼虫被白僵菌寄生状

棉田天敌的保护利用

保护措施	科学利用
1.保护麦田天敌。麦田是多种天敌越冬场所和早春增殖基地，是棉田天敌的主要发源地，麦田后期尽量使用对天敌安全或毒性较小的农药 2.改进施药方式。采用对天敌安全的播施、拌种、涂茎、滴点等隐蔽施药技术和针对性的防治靶标害虫 3.使用对天敌安全的农药，避开天敌发生期使用高毒农药；如棉花蕾期正值七星瓢虫、草蛉等捕食性天敌发生期，可使用吡虫啉、啶虫脒等对天敌毒害小的药剂防治；花铃后期，天敌逐步回升，可使用硫丹、拉维因等进行喷雾防治 4.改进农事操作。棉田灌水要尽量采用沟灌，避免漫灌；多施农家肥，保持和改良土壤结构，利于天敌繁殖和栖息。杨树把诱蛾也能诱到多种天敌，捕杀害虫时尽量不要伤害天敌；整枝打杈时注意保护枝叶上的天敌	1.人工繁育、释放赤眼蜂控制棉铃虫。于棉铃中产卵盛期，每667平方米3到6个点，每次释放赤眼蜂2万头，释放4次，间隔3～5天；繁育释放蚜茧蜂可有效控制棉蚜危害，于苗蚜发生期释放 2.应用微生物制剂。如苏云金杆菌（B.t乳剂）和棉铃虫核多角体病毒制剂。含8～10亿活孢子的B.t乳剂，每667平方米200～250克，对水稀释200倍，在棉铃虫孵化盛期常规喷雾。防治效果77%～95%，且可保护天敌。棉铃虫核多角体病毒制剂：每667平方米40克，常规喷雾。杀虫效果在90%以上，可兼治其他鳞翅目害虫的幼虫。病毒可在害虫间传染，有效期长